Multiplications, Divisions, Additions, Subtractions Workbook For 3rd and 4th Grades

Practical Math Exercises

DAN STEWART

© Copyright 2020 by Dan Stewart
All rights reserved.

This document is geared towards providing exact and reliable information with regards to the topic and issue covered. The publication is sold with the idea that the publisher is not required to render accounting, officially permitted, or otherwise, qualified services. If advice is necessary, legal or professional, a practiced individual in the profession should be ordered.
- From a Declaration of Principles which was accepted and approved equally by a Committee of the American Bar Association and a Committee of Publishers and Associations.
In no way is it legal to reproduce, duplicate, or transmit any part of this document in either electronic means or in printed format. Recording of this publication is strictly prohibited and any storage of this document is not allowed unless with written permission from the publisher. All rights reserved.
The information provided herein is stated to be truthful and consistent, in that any liability, in terms of inattention or otherwise, by any usage or abuse of any policies, processes, or directions contained within is the solitary and utter responsibility of the recipient reader. Under no circumstances will any legal responsibility or blame be held against the publisher for any reparation, damages, or monetary loss due to the information herein, either directly or indirectly.
Respective authors own all copyrights not held by the publisher.
The information herein is offered for informational purposes solely, and is universal as so. The presentation of the information is without contract or any type of guarantee assurance.
The trademarks that are used are without any consent, and the publication of the trademark is without permission or backing by the trademark owner. All trademarks and brands within this book are for clarifying purposes only and are the owned by the owners themselves, not affiliated with this document

CONTENTS

ARITHMETIC 1
MULTIPLE 5
MULTIPLICATIONS AND DIVISIONS 10
CONTINUE THE SEQUENCE 13
MULTIPLICATION AND ADDITION 15
THOUSANDS AND MILLIONS 16
SMALL AND BIG NUMBERS 18
NUMBER LINE 20
WRITE IN LETTERS 22
CALCULATE THE ADDITIONS 23
MULTIPLICATION 26
DIVISIONS 28
ADDITION 30
SUBTRACTIONS 31
MULTIPLICATION AND DIVISIONS 32
COMPLETE THE MULTIPLICATION TABLES 33
FIND THE MISTAKE 36

Arithmetic

Number	100	150	225	350	560	680	850	1000
Number+150								

Number	400	450	620	730	860	990	1010	1090
Number+450								

4 x 8 =	40 x 8 =	7 x 6 =	70 x 6 =	18 x 7 =
9 x 8 =	72 x 3 =	30 x 9 =	15 x 3 =	45 x 5 =
13 x 8 =	67 x 10 =	21 x 4 =	36 x 12 =	29 x 10 =
80 x 5 =	42 x 12 =	10 x 10 =	10 x 100 =	9 x 100 =
18 x 8 =	62 x 11 =	12 x 12 =	13 x 9 =	7 x 14 =

Number	12	130	160	250	400	550	600	750
Double								

Number	800	760	720	680	640	590	1000	1200
Half								

Continue the sequence of times in the cycle schedule

7.04	7.19	7.34					

9.05	9.15						

11.00	11.20	11.40					

Multiplications, Divisions, Additions, Subtractions Workbook

5

	Horizontal		Vertical
2	8 x 9	1	9 x 6
3	194 + 287	2	534 + 182
5	239 + 329	4	672 + 186
7	6 x 8	6	9 x 9

1		2	
3	4		
	5		6
7			

6

32 : 8 =	32 : 4 =	42 : 6=	35 : 7 =	48 : 6 =
320 : 8 =	320 : 4 =	420 : 6 =	350 : 7 =	480 : 6=
56 : 8 =	72 : 8 =	36 : 6 =	80 : 8 =	80 : 10 =
100 : 10 =	1000 : 100 =	45 : 5 =	90 : 9 =	49 : 7 =
1 : 7 =	24 : 6 =	18 : 3 =	180 : 30 =	144 : 12 =

7 Always add 150, subtract 150

520 + 150 =	520 – 150 =	415 + 150 =	415 -150 =
620 + 150 =	620 – 150 =	425 + 150 =	425 – 150 =
640 + 150 =	640 – 150 =	445 + 150 =	445 – 150 =
660 + 150 =	660 – 150 =	465 + 150 =	465 – 150 =
680 + 150 =	680 – 150 =	485 +150 =	485 – 150 =
700 + 150 =	700 – 150 =	500 + 150 =	500 – 150 =

Multiplications, Divisions, Additions, Subtractions Workbook

A	B	C	D
1000	**1000**	**1000**	**1000**
500 +	275 +	325 +	130 +
620 +	941 +	877 +	660 +
555 +	760 +	333 +	445 +
982 +	800 +	522 +	774 +
590 +	732 +	867 +	99 +

9

31 — x 2 → .... — x 10 → ....

13 ....

32 ....

23 ....

33 ....

44 ....

55 ....

66 ....

10

— x 10 → .... — x 2 → ....

13 ....

32 ....

23 ....

33 ....

44 ....

55 ....

66 ....

Count with the arithmetic tree

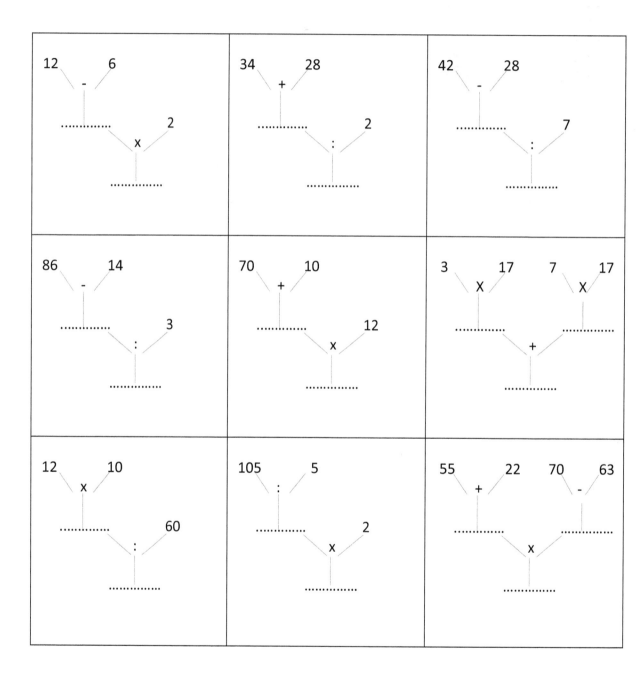

Multiple

Multiples of 3

X	0	1	2	3	4	5	6	7	8	9	10	11	12	13
3														

3 x 0 =   3 x 1 =   3 x 2 =   3 x 3 =   3 x 4 =   3 x 5 =   3 x 6 =

3 x 7 =   3 x 8 =   3 x 9 =   3 x10=   3 x11=   3 x12=   3 x13 =

X	14	15	16	17	18	19	20	21	22	23	24	25	26	27
3														

3 x 14=   3 x15=   3 x 16=   3 x 17 =   3 x 18=   3 x 19=   3 x 20=

3 x 21=   3 x 22=   3 x 23=   3 x 24=   3 x 25 =   3 x 26=   3 x 27=

2 Multiples of 4

X	0	1	2	3	4	5	6	7	8	9	10	11	12	13
4														

4 x 0 =   4 x 1 =   4 x 2 =   4 x 3 =   4 x 4 =   4 x 5 =   4 x 6 =

4 x 7 =   4 x 8 =   4 x 9 =   4 x 10=   4 x 11=   4 x 12=   4 x 13 =

X	14	15	16	17	18	19	20	21	22	23	24	25	26	27
4														

4 x 14=   4 x 15=   4 x 16=   4 x 17 =   4 x 18=   4 x 19=   4 x 20=

4 x 21=   4 x 22=   4 x 23=   4 x 24=   4 x 25 =   4 x 26=   4 x 27=

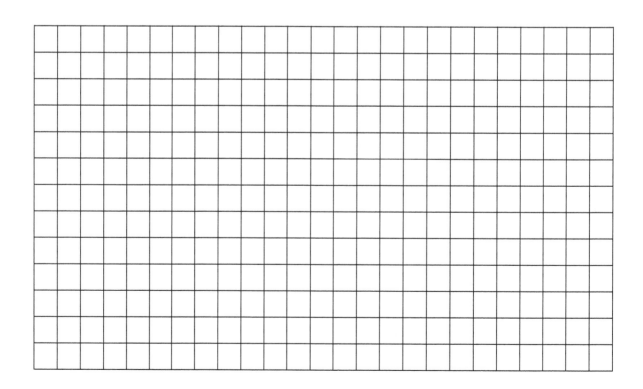

Multiples of 5

X	0	1	2	3	4	5	6	7	8	9	10	11	12	13
5														

5 x 0 =   5 x 1 =   5 x 2 =   5 x 3 =   5 x 4 =   5 x 5 =   5 x 6 =

5 x 7 =   5 x 8 =   5 x 9 =   5 x10=   5 x11=   5 x12=   5 x13 =

X	14	15	16	17	18	19	20	21	22	23	24	25	26	27
5														

5 x 14=   5 x15=   5 x 16=   5 x 17 =   5 x 18=   5 x 19=   5 x 20=

5 x 21=   5 x 22=   5 x 23=   5 x 24=   5 x 25 =   5 x 26=   5 x 27=

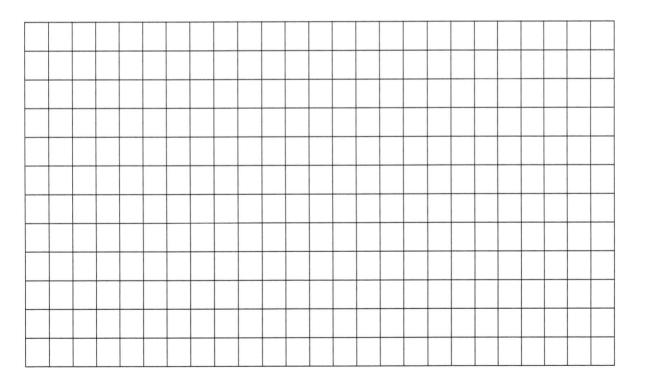

4 Multiples of 6

X	0	1	2	3	4	5	6	7	8	9	10	11	12	13
6														

6 x 0 =   6 x 1 =   6 x 2 =   6 x 3 =   6 x 4 =   6 x 5 =   6 x 6 =

6 x 7 =   6 x 8 =   6 x 9 =   6 x10=   6 x11=   6x12=   6 x13 =

X	14	15	16	17	18	19	20	21	22	23	24	25	26	27
6														

6 x 14=   6 x15=   6 x 16=   6 x 17 =   6 x 18=   6 x 19=   6 x 20=

6 x 21=   6 x 22=   6 x 23=   6 x 24=   6 x 25 =   6 x 26=   6 x 27=

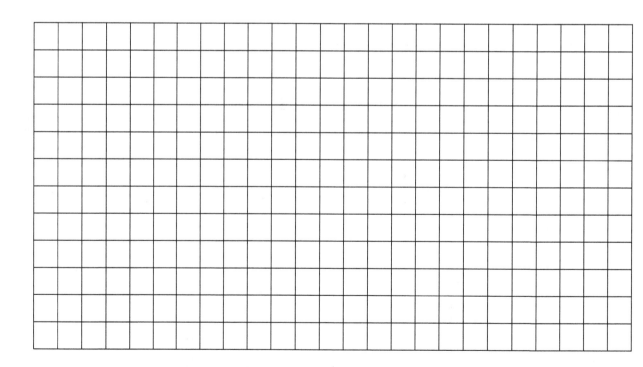

Multiples of 7

X	0	1	2	3	4	5	6	7	8	9	10	11	12	13
7														

7 x 0 =   7 x 1 =   7 x 2 =   7 x 3 =   7 x 4 =   7 x 5 =   7 x 6 =

7 x 7 =   7 x 8 =   7 x 9 =   7 x 10 =   7 x 11 =   7 x 12 =   7 x 13 =

X	14	15	16	17	18	19	20	21	22	23	24	25	26	27
7														

7 x 14 =   7 x 15 =   7 x 16 =   7 x 17 =   7 x 18 =   7 x 19 =   7 x 20 =

7 x 21 =   7 x 22 =   7 x 23 =   7 x 24 =   7 x 25 =   7 x 26 =   7 x 27 =

Multiplications, Divisions, Additions, Subtractions Workbook

Multiplications and Divisions

1

8 x 30 =	60 x 10 =	50 x 6 =	9 x 20 =	10 x 18=
6 x 40 =	100 x 3 =	80 x 5 =	50 x 10 =	100 x 5 =
10 x 40=	120 x 5 =	7 x14 =	17 x 14=	6 x 15=
23 x 10 =	32 x 9 =	67 x 11=	78 x 10 =	12 x 12=
16 x 9 =	72 x 5 =	54 x 10 =	13 x 24 =	21 x 43=
10 x 20 =	42 x 7=	28 x 8 =	3 x 17 =	28 x 3 =
7 x 34 =	24 x 6 =	16 x 9 =	33 x 12 =	99 x 2 =
3 x 17 =	56 x 7=	44 x 3 =	18 x 10 =	97 x 9 =
34 x 7 =	8 x 26 =	9 x 27 =	16 x 4 =	4 x 4 =
10 x 10=	100 x 10 =	4 x 44 =	5 x 80 =	10 x 13 =

Multiplications, Divisions, Additions, Subtractions Workbook

540 : 6 =	400 : 5 =	280 : 4 =	180 : 3 =	250 : 5 =
900 : 9 =	630 : 7 =	400 : 50 =	210 : 30 =	360 : 60 =
150 : 50 =	200 : 50 =	250 : 50 =	300 : 50 =	350 : 50 =
270 : 30 =	240 : 30 =	210 : 30 =	180 : 30 =	150 : 5 =
42 : 7 =	28 : 7 =	86 : 2 =	320 : 80 =	240 : 6 =
240 : 3 =	490 : 70 =	810 : 9 =	810 : 90 =	420 : 7 =
100 : 10 =	10 : 10 =	42 : 7 =	56 : 8 =	560 : 80 =
120 : 60 =	396 : 12 =	238 : 7 =	198 : 99 =	360 : 5 =
208 : 8 =	903 : 21 =	144 : 9 =	144 : 16 =	84 : 28 =
176 : 44 =	90 : 6 =	90 : 15 =	600 : 120 =	238 : 14 =
238 : 7 =	243 : 9 =	64 : 16 =	300 : 60 =	780 : 10 =

Multiplications, Divisions, Additions, Subtractions Workbook

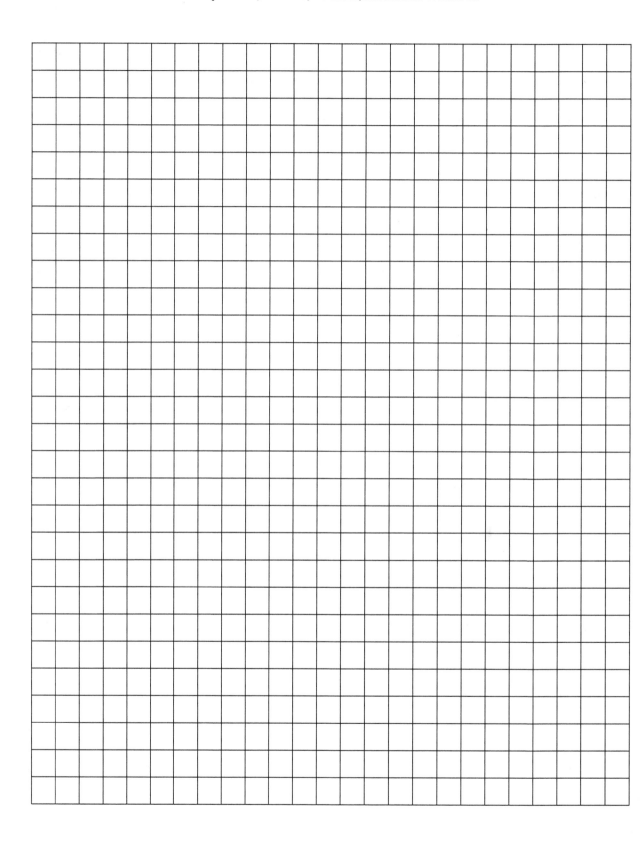

Continue the Sequence

1 Always 50

50 , 100 , 150 ,

25 , 75 , 100 ,

20 , 70 , 120 ,

13 , 63 , 113 ,

2 Always 99

99 , 198 , 297 ,

1 , 100 , 199 ,

20 , 119 , 218 ,

8 , 107 , 206 ,

3 Continue The Sequence And Write The Rule

A :

14 , 28 , 42 , 56 , 70 ,

B :

0 , 10 , 8 , 18 , 16 ,

C :

30 , 300 , 60 , 270 , 90 ,

D .... :

5 , 10 , 15 , 20 , 25 , , , , , , ,

E .... :

7 , 7 , 14 , 9 , 21 , 11 , , , , , , ,

4 | Add The Number With The Previous One

0	3	3	6								
1	2	3	5	8							
5	10	15	25								
10	20	30	50	80							
3	6	9	15								
7	7	14									
9	11										
6	12	18									
15	15										

5 | Always Double

7	14	28									
3	6	12	24								
5	10	20	40								
6	12	24									
2											
13	26										
11											
15	30										
4											
20											
8											

Multiplication and addition

1

First Multiplications And Divisions, Then Additions And Subtractions

7 x 7 + 8 x 8 =	7 x 19 + 3 x 19 =	6 x 18 + 4 x 18 =
8 x 17 + 2 x 17 =	7 x 13 + 3 x 13 =	6 x 24 + 4 x 24 =
9 x 16 + 1 x 16 =	2 x 27 + 8 x 27 =	7 x 34 + 3 x 34 =

4 x 12 – 2 x 12 =	9 x 10 – 8 x 8 =	7 x 9 – 6 x 8 =
10 x 10 – 9 x 9 =	13 x 10 – 7 x 9 =	12 x 12 – 4 x 7 =
16 x 8 – 12 x 7 =	14 x 10 – 9 x 10 =	9 x 9 – 8 x 8 =

42 : 7 + 28 : 7 =	28 : 2 + 86 : 2 =	49 : 7 + 36 : 4 =
63 : 9 + 18 : 6 =	45 : 5 + 12 : 2 =	32 : 8 + 56 : 7 =
240 : 10 + 280 : 10 =	81 : 9 + 49 : 7 =	56 : 8 + 24 : 6 =

23 x 10 + 23 =	23 x 10 – 23 =	32 x 10 + 32 =
32 x 10 – 32 =	67 x 10 + 67 =	67 x 10 – 67 =
76 x 10 + 50 =	88 x 10 – 80 =	99 x 10 + 10 =

7 x 19 = 70 + 63 =	3 x 19 = 30 + 27 =	8 x 8 = 20 + 44 =
4 x 12 = 18 + 30 =	5 x 15 = 50 + 25 =	6 x 12 = 51 + 21 =
12 x 12 = 99 + 45 =	13 x 3 = 30 + 9 =	5 x 10 = 41 + 9 =

Thousands And Millions

1. Always 1,000

935 + ...

825 + ...

715 + ...

605 + ...

495 + ...

500 + ...

1087 − ....

1111 − ....

1625 − ....

1747 − ....

1250 − ....

1300 − ....

2. Always 1,000,000

935 000 + ...

825 000 + ...

715 000 + ...

605 000 + ...

495 000 + ...

500 000 + ...

77 000 + ...

777 000 + ...

1 087 000 − ....

1 111 000 − ....

1 625 000 − ....

1 747 000 − ....

1 250 000 − ....

1 300 000 − ....

94 000 − ....

999 999 − ....

Add Up To The Following Thousand

290 + ... = 1 000	510 + ... = ...	60 + ... = ...
7 290 + ... = 8 000	2 510 + ... = ...	4 060 + ... = ...
17 290 + ... = 18 000	42 510 + ... = ...	14 060 + ... = ...

Always Add 100

163 718 , 163 818 , ... , ... , ... , ... , ... , ...

454 121 , ... , ... , ... , ... , ... , ...

878 955 , ... , ... , ... , ... , ... , ...

Always Add 1,000

163 718 , 164 718 , ... , ... , ... , ... , ... , ...

454 121 , ... , ... , ... , ... , ... , ...

878 955 , ... , ... , ... , ... , ... , ...

Always Add 10,000

163 718 , 173 718 , ... , ... , ... , ... , ... , ...

454 121 , ... , ... , ... , ... , ... , ...

878 955 , ... , ... , ... , ... , ... , ...

Small And Big Numbers

1 Compare < Or = Or >

98 016 ...... 98 106	56 306 ...... 56 036	117 117 ...... 117 711	33 538 ...... 33 538
74 328 ...... 74 238	99 718 ...... 99 178	39 018 ...... 390 018	798 462 ...... 794 862
569 406 ...... 569 406	784 512 ...... 748 512	840 513 ...... 840 153	47 873 ...... 477 873
600 572 ...... 600 275	133 803 ...... 133 803	532 849 ...... 352 849	304 919 ...... 340 919
137 437 ...... 317 437	4 526 ...... 45 526	23 356 ...... 233 356	58 238 ...... 52 838
465 111 ...... 456 112	99 999 ...... 100 000	888 747 ...... 887 747	565 322 ...... 565 233

2 Count In Steps

8 000 , 9 000 , ... , ... , ... , ... , ... , ... , ...

18 000 , 19 000 , ... , ... , ... , ... , ... , ... , ...

118 000 , 119 000 , ... , ... , ... , ... , ... , ... , ...

78 000 , 79 000 , ... , ... , ... , ... , ... , ... , ...

78 000 , 88 000 , ... , ... , ... , ... , ... , ... , ...

78 000 , 178 000 , ... , ... , ... , ... , ... , ... , ...

50 000 , 50 100 , ... , ... , ... , ... , ... , ... , ...

50 000 , 51 000 , ... , ... , ... , ... , ... , ... , ...

50 000 , 60 000 , ... , ... , ... , ... , ... , ... , ...

Count Down In Steps

..........,..........,..........,..........,..........,..........,.......... 84 000 , 85 000

..........,..........,..........,..........,..........,..........,.......... 69 200 , 69 300

..........,..........,..........,..........,..........,..........,.......... 55 050 , 55 100

..........,..........,..........,..........,..........,..........,.......... 4 000 , 4 010

..........,..........,..........,..........,..........,..........,.......... 42 000 , 42 001

..........,..........,..........,..........,..........,..........,.......... 10 000 , 10 001

..........,..........,..........,..........,..........,..........,.......... 2 000 , 2 010

Add What's Missing

370 000 + ... = 400 000 | 120 000 + ... = 200 000

378 000 + ... = 400 000 | 147 000 + ... = 200 000

378 500 + ... = 400 000 | 147 300 + ... = 200 000

320 000 + ... = 400 000 | 168 200 + ... = 200 000

325 000 + ... = 400 000 | 145 000 + ... = 200 000

315 000 + ... = 400 000 | 199 999 + ... = 200 000

341 000 + ... = 400 000 | 100 001 + ... = 200 000

Number line

1 Count In Four Steps

| A | 0 | | 250 | | 500 | | | | 1 000 |

| B | 0 | | | | 5 000 | | | | 10 000 |

| C | 0 | | | | | | | | 100 000 |

| D | 0 | | | | | | | | 1 000 000 |

2 Count In Eight Steps

| A | 0 | 125 | 250 | 375 | 500 | | | | 1 000 |

| B | 0 | 1 250 | | | | | | | 10 000 |

| C | 0 | | | | 50 000 | | | | 100 000 |

| D | 0 | 125 000 | | | | | | | 1000000 |

Place The Number In The Number Line

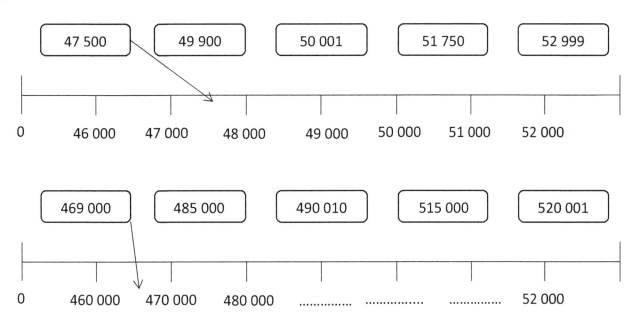

Write The Numbers Nearby

99 989 , 99 990 , 99 991	................, 300 010 ,................
................, 99 980 ,................	................, 300 100 ,................
................, 99 890 ,................	................, 301 000 ,................
................, 99 999 ,................	................, 310 000 ,................

What Number Goes In The Middle?

50		80	160		240	320		400
50 000		80 000	1 600		2 400	3 200		4 000

Write In Letters

1

8945 .... eight thousand and nine hundred and forty-five

10 250 ....

25 999 ....

31 100 ....

99 999 ....

101 001 ....

148 754 ....

636 363 ....

874 222 ....

999 999 ....

2

1 000 001 .... one million and one

154 021 ....

1 664 012 ....

1 999 998 ....

6 000 454 ....

6 788 555 ....

Calculate The Additions

1. Calculate And Continue

	1	2	3	4
+	2	8	8	9

	2	3	4	5
+	2	8	8	9

	3	4	5	6
+	2	8	8	9

	4	5	6	7
+	2	8	8	9

	5	6	7	8
+	2	8	8	9

	1	2	3	4
+	2	0	7	6

	2	3	4	5
+	2	0	7	6

	3	4	5	6
+	2	8	8	9

	4	5	6	7
+	2	0	7	6

	5	6	7	4
+	2	0	7	6

2. Calculate And Continue

	1	2	3	4
+	3	0	8	7

	2	3	4	5
+	3	0	8	7

	3	4	5	6
+	3	0	8	7

	4	5	6	7
+	3	0	8	7

	5	6	7	8
+	3	0	8	7

	1	2	3	4
+	1	9	7	6

	2	3	4	5
+	1	9	7	6

	3	4	5	6
+	1	9	7	6

	4	5	6	7
+	1	9	7	6

	5	6	7	8
+	1	9	7	6

3 Which Digits Are Missing?

- 18168 + 2□742 = 4791□
- 2843□ + 2□481 = 51913
- 6341 + □□4□ = 9283
- □5□9 + 6236 = 9745
- 248□ + □65 = 27□8
- 4786□ + □2□3 = □0126
- 58□6 + □227 = 910□
- 873□ + □234 = 9□66
- 3□76 + 98□4 = □□250
- □520 + 738□ = □900
- 3□50 + 21□0 = □970
- □500 + 1□50 = 57□0
- 4657 + 63□4 = 1□04
- □824 + 428□ = □11□10

4 Which Digits Are Missing?

- 58910 - 1□456 = □5454
- □2227 - 156□2 = 5656□
- 87□□0 - 20184 = □767□
- □□60□ - 6820 = 8787
- 106938 - □□□40 = 89898
- 1□5801 - 2□892 = 90□0□
- 12031□ - □5223 = 95□93
- 131242 - 1□□□□ = 121242
- 1□278□ - 97□25 = 554□3
- 167□79 - □528□ = □02096
- 212320 - □9□9□ = 112321
- 87880 - □□□79 = 1
- 1□282□ - 99□99 = 12821
- 92500 - □□□90 = 10
- 87335 - □□□□ = 80000

Calculate And Continue

9876	8765	7654	6543	5432
- 1976	- 1976	- 1976	- 1976	- 1976

1010	1023	1063	9940	9602
- 499	- 889	- 698	- 297	- 1036

1557	1211	9877	5544	1559
- 854	- 1089	- 2345	- 4455	- 459

234	7621	9657	6345	9999
- 89	- 5247	- 1999	- 5111	- 9998

6451	7485	6119	1111	3234
- 2146	- 1487	- 4698	- 1010	- 1999

Multiplication

1

3 x 7 148 = ...

X	7 000	100	40	8	
3	21 000	300	120	24	21 444

7 x 1 788 = ...

X	1 000	700	80	8
7				

4 x 5 361 = ...

X	5 000	300	60	1
4				

6 x 2 086 = ...

X	2 000	0	80	6
6				

8 x 9 156 = ...

X	9 000	100	50	6
8				

5 x 6 883 = ...

X	6 000	800	80	3
5				

9 x 5 674 = ...

X	5 000	600	70	4
9				

2 x 7 865 = ...

X	7 000	800	60	5
2				

7 x 9 999 = ...

X	9 000	900	90	9
7				

8 x 8 888 = ...

X	8 000	800	80	8
8				

Multiplications, Divisions, Additions, Subtractions Workbook

65 x 73 =

X	70	3	
60	4 200	180	4 380
5	350	15	365
			4 745

63 x 75 =

X	70	5	
60			
3			

89 x 54 =

X	50	4	
80			
9			

84 x 59 =

X	50	9	
80			
4			

30 x 50 =

X	50	0	
30			
0			

35 x 55 =

X	50	5	
30			
5			

26 x 62 =

X	60	2	
20			
6			

95 x 59 =

X	50	9	
90			
5			

Divisions

1

12 000 : 2 =	300 : 5 =	3 500 : 7 =
1 200 : 2 =	30 000 : 5 =	350 000 : 7 =
120 000 : 2 =	300 000 : 5 =	350 : 7 =
120 : 2 =	3 000 : 5 =	35 000 : 7 =
12 000 : 2 =	1 800 : 3 =	240 : 8 =
120 : 3 =	18 000 : 6 =	240 000 : 6 =
1 200 : 4 =	180 : 9 =	2 400 : 3 =
120 000 : 6 =	180 000 : 2 =	24 000 : 4 =
12 000 : 3 =	1 600 : 4 =	27 000 : 9 =
24 000 : 6 =	32 000 : 8 =	1 800 : 2 =
1 200 : 3 =	160 000 : 8 =	270 : 3 =
240 : 6 =	320 : 4 =	180 000 : 6 =
560 : 8 =	4 200 : 6 =	320 : 4 =
560 000 : 7 =	42 000 : 7 =	3 200 : 8 =
5 600 : 2 =	420 : 2 =	32 000 : 2 =
56 000 : 4 =	420 000 : 3 =	320 000 : 8 =

608 : 2 =	8 012 : 4 =
600 : 2 =	8 000 : 4 =
8 : 2 =	12 : 4 =
912 : 3 =	5 125 : 5 =
900 : 3 =	5 000 : 5 =
12 : 3 =	125 : 5 =
5 025 : 5 =	12 012 : 6 =
5 000 : 5 =	12 000 : 6 =
25 : 5 =	12 : 6 =
6 018 : 3 =	14 140 : 7 =
6 000 : 3 =	14 000 : 7 =
18 : 3 =	140 : 7 =
4 044 : 4 =	25 050 : 5 =
4 000 : 4 =	25 000 : 5 =
44 : 4 =	50 : 5 =
5 025 : 5 =	6 036 : 6 =
5 000 : 5 =	6 000 : 6 =
25 : 5 =	36 : 6 =

Addition

1

925 + 75 = ...	12 000 + 22 000 = ...	35 000 + 75 000 = ...
75 + 125 = ...	15 232 + 45 000 = ...	2 500 + 2 500 = ...
182 + 256 = ...	75 255 + 31 654 = ...	50 000 + 10 000 = ...
1 200 + 300 = ...	12 500 + 65 500 = ...	33 000 + 30 000 = ...
1 250 + 1 250 = ...	32 698 + 45 = ...	125 000 + 10 = ...
1 621 + 1 236 = ...	35 147 + 35 544 = ...	312 + 123 = ...
15 125 + 1 500 = ...	98 250 + 12 250 = ...	9 999 + 10 = ...

2

Always 100	Always 1 000	Always 10 000	Always 100 000
75 +	750 +	7 500 +	75 000 +
45 +	450 +	4 500 +	45 000 +
92 +	920 +	9 200 +	92 000 +
29 +	290 +	2 900 +	29 000 +
33 +	330 +	3 300 +	33 000 +
88 +	880 +	8 800 +	88 000 +

Subtractions

1

925 - 75 =	22 000 - 12 000 =	75 000 - 35 000 =
125 - 75 =	45 000 - 15 232 =	2 500 - 2 500 =
256 - 182 =	75 255 - 31 654 =	50 000 - 10 000 =
1 200 - 300 =	65 000 - 12 500 =	33 000 - 30 000 =
1 250 - 1 250 =	32 698 - 45 =	125 000 - 10 =
1 621 - 1 236 =	35 544 - 35 147 =	312 - 123 =
15 125 - 1 500 =	98 250 - 12 250 =	99 999 - 10 =

2

Always 100	Always 1 000	Always 10 000	Always 100 000
125 -	1 250 -	12 500 -	125 000 -
111 -	1 111 -	11 111 -	111 111 -
130 -	1 300 -	13 000 -	130 000 -
145 -	1 450 -	14 500 -	145 000 -
154 -	1 540 -	15 400 -	154 000 -
185 -	1 850 -	18 500 -	185 000 -
199 -	1 999 -	19 999 -	199 999 -

Multiplication and Divisions

1

140 x 140 =	120 : 4 =	14 x 7 =
150 x 150 =	120 : 5 =	15 x 8 =
200 x 200 =	120 : 6 =	16 x 9 =
220 x 220 =	120 : 8 =	16 : 4 =
240 x 240 =	150 : 10 =	15 : 5 =
250 x 250 =	150 : 5 =	14 : 7 =
270 x 270 =	150 : 15 =	12 : 6 =
300 x 300 =	150 : 150 =	10 : 2 =

2

320 : 80 =	80 x 4 =	12 : 6 =
360 : 60 =	60 x 6 =	120 : 6 =
400 : 10 =	10 x 40 =	1 200 : 6 =
240 : 20 =	20 x 12 =	12 000 : 6 =
500 : 50 =	50 x 10 =	120 000 : 6 =
150 : 5 =	30 x 5 =	120 000 x 2 =
280 : 70 =	70 x 4 =	12 000 x 2 =
810 : 90 =	90 x 9 =	1 200 x 2 =
560 : 70 =	70 x 8 =	120 x 2

Complete The Multiplication Tables

1

1	2	3	4	5	6	7	8	9	10
2	4	6	8		12				
3		9	12	15					
4				20				36	
5		15				35			50
6	12				36				
7			28				56		
8		24			42				80
9								81	
10		30							

1	2	3	4	5	6	7	8	9	10
2				10				18	
3	6		12						30
4					24				
5		15					40		
6			24			42			
7		21						63	
8				40					
9		27					72		
10				50					

3

×	1	2	3	4	5	6	7	8	9	10
1	2	4								
2	3		9							
3	4			16						
4	5				25					
5	6					36				
6	7						49			
7	8							64		
8	9								81	
9	10									100

4

×	1	2	3	4	5	6	7	8	9	10
2									18	
3								24		
4							28			
5						30				
6					30					
7				28						
8			24							
9		18								
10										

Multiplications, Divisions, Additions, Subtractions Workbook

5

1	2	3	4	5	6	7	8	9	10
2	4							18	
3		9					24		
4			16			28			
5				25	30				
6				30	36				
7			28			49			
8		24					64		
9	18							81	
10									100

6

1	2	3	4	5	6	7	8	9	10
2									
3									
4									
5				25	30				
6				30	36				
7									
8									
9									
10									

Find The Mistake

1

1	2	3	4	5	6	7	8	9	10
2	4	6	8	9	12	15	16	18	19
3	6	8	12	15	17	21	22	27	30
4	8	12	15	19	24	28	32	34	40
5	10	15	22	25	30	34	40	45	50
6	12	18	22	30	36	40	48	56	60
7	14	21	26	35	44	49	56	64	70
8	16	23	32	40	46	56	64	72	80
9	18	28	36	45	54	62	71	82	90
10	20	30	40	60	50	70	80	90	100

2

1	2	3	4	5	6	7	8	9	10
2	4	6	8	10	13	14	15	18	20
3	6	9	12	15	17	21	24	26	30
4	9	12	15	20	24	28	31	36	40
5	10	25	20	15	30	35	40	45	50
6	12	18	22	30	36	24	48	45	60
7	14	31	28	35	42	49	56	36	70
8	16	24	32	40	49	56	46	70	80
9	18	27	36	54	54	63	72	81	90
10	20	30	50	40	60	80	70	90	100

Multiplications, Divisions, Additions, Subtractions Workbook

Multiplications, Divisions, Additions, Subtractions Workbook

Printed in the USA
CPSIA information can be obtained
at www.ICGtesting.com
CBHW082201211124
17842CB00011B/622